小猛犸童书

鲸的世界

万物有灵

[英]斯密瑞缇·普拉萨达姆-豪尔斯 / 著
[英]乔纳森·伍德沃德 / 绘
范晓星 / 译　曾千慧 / 审

电子工业出版社·
Publishing House of Electronics Industry
北京·BEIJING

送给山姆、乔西、海伦和安德鲁。
——斯密瑞缇·普拉萨达姆-豪尔斯

送给鲸豚家族里的各位故友新知，是你们让旅途充满意义。
——乔纳森·伍德沃德

Original title: *THE WORLD OF THE WHALE*
Author: Smriti Prasadam-Halls
Illustrator: Jonathan Woodward
Text copyright © Smriti Prasadam-Halls, 2018
Illustration copyright © Hodder and Stoughton Limited, 2018
Simplified Chinese rights arranged through CA-LINK International LLC.
All rights reserved

本书中文简体版专有出版权由 Hodder and Stoughton Limited 经由凯琳国际文化版权代理授予电子工业出版社，
未经许可，不得以任何方式复制或抄袭本书的任何部分。

版权贸易合同登记号 图字：01-2022-1116

审图号：GS京（2022）0611号
本书中第28、29页地图系原文插图。

图书在版编目（CIP）数据
万物有灵.鲸的世界 /（英）斯密瑞缇·普拉萨达姆 – 豪尔斯著；(英) 乔纳森·伍德沃德绘；范晓星译. –– 北京：
电子工业出版社，2022.9
ISBN 978-7-121-43444-0

Ⅰ.①万… Ⅱ.①斯… ②乔… ③范… Ⅲ.①动物 – 少儿读物②鲸目 – 少儿读物 Ⅳ.①Q95-49

中国版本图书馆CIP数据核字（2022）第078659号

责任编辑：董子晔
印　　刷：河北迅捷佳彩印刷有限公司
装　　订：河北迅捷佳彩印刷有限公司
出版发行：电子工业出版社
　　　　　北京市海淀区万寿路 173 信箱　邮编：100036
开　　本：889×1194　1/8　印张：6　字数：25.25 千字
版　　次：2022 年 9 月第 1 版
印　　次：2022 年 9 月第 1 次印刷
定　　价：78.00 元

凡所购买电子工业出版社图书有缺损问题，请向购买书店调换。若书店
售缺，请与本社发行部联系，联系及邮购电话：（010）88254888，88258888。
质量投诉请发邮件至 zlts@phei.com.cn，盗版侵权举报请发邮件至
dbqq@phei.com.cn。
本书咨询联系方式：（010）88254161 转 1865，dongzy@phei.com.cn。

目 录

和人类一样

海洋世界奇妙又神秘，浩瀚又深邃，鲸是大海中的巨无霸，大海是鲸的栖息地。

鲸的种类繁多，大小不一，从活泼可爱的海豚到地球上最大的动物——硕大伟岸的蓝鲸。

　　虽然鲸生活在海洋，但每头鲸也依赖着我们人类需要呼吸的空气，鲸和我们人类一样是哺乳动物。

　　四季更迭，鲸听从自然的召唤，跨越几千公里，回到相同的地方生产幼鲸；奇异莫测的叫声，是鲸之间的对话，时而低沉悠长，时而高昂嘹亮，宛若歌声……这些都是鲸世界的神秘所在。

生命的呼吸

　　鲸浮到海面，向着天空呼出一口气。然后它们用鼻孔（呼吸孔）吸足气之后，又会潜入海里，有时会在海面之下流连片刻时光；有时会潜入海水中许久。但它们终究还将跃出海面，呼吸新鲜的空气。

很久以前，鲸的祖先是在陆地上生活的。经过几百万年的演化，鲸的身体完全适应了在水中生活。不过，它们还需要浮到海面用鼻孔呼吸。有些鲸只有一个鼻孔，有些鲸有两个鼻孔。鲸用鼻孔深深地将空气吸入巨大的肺中。

游泳健将

鲸的祖先在陆地生活时或许会行走，但如今鲸已经完美地适应了在大海中生活。一些身体上的变化使得它们在游泳时悠然自得、轻而易举。

流线型体形

鲸虽然体形庞大，但是它们结实、顺滑，动作敏捷，修长的身体在海水里穿梭自如。

皮肤

鲸有着平滑的皮肤，表面像抹了一层油的橡胶，游起泳来速度非常快。

鳍肢

鲸的鳍肢是负责改变方向和保持身体平衡的，所以它们才会游得这样纯熟，充满自信。

强健的肌肉

鲸依靠厚重而巨大的肌肉，令尾鳍上下摆动，岿然遨游于海洋。

尾鳍

每头鲸的尾鳍都是独一无二的，如同我们人类的指纹。鲸在水中凭借尾鳍的驱动，可以潜入海洋深处。鲸的尾鳍是上下摆动的，和鱼类左右摆动的尾鳍不同。

脂肪

鲸的体内有一层厚厚的脂肪，叫作鲸脂，即使在极地海洋也能保持体温。脂肪是储存能量的主要物质，当鲸万里迢迢迁徙时，脂肪就显得尤为重要。

鲸豚家族

鲸是属于偶蹄目的哺乳动物。从体形较小、聪敏矫捷的海豚，到超级巨无霸座头鲸，鲸豚家族里的成员可真是五花八门。我们按照鲸长有须板还是有牙齿来将它们分成两大类（须鲸和齿鲸），在这两类群里又将拥有相似特征的鲸归为不同的科。

须鲸

这类鲸有两个鼻孔，会含住大口的海水来捕捉食物。它们嘴里没有牙齿，而是长了很多毛刷状的板子，称为须板。须板像筛子一样将水过滤出鲸的嘴巴，留下无数的小鱼和磷虾成为鲸的腹中之食。

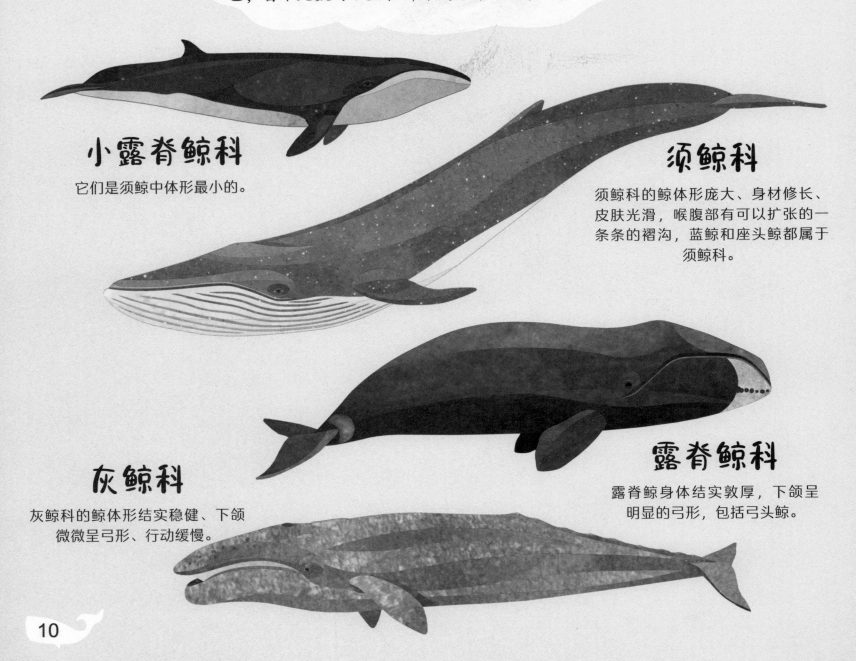

小露脊鲸科
它们是须鲸中体形最小的。

须鲸科
须鲸科的鲸体形庞大、身材修长、皮肤光滑，喉腹部有可以扩张的一条条的褶沟，蓝鲸和座头鲸都属于须鲸科。

灰鲸科
灰鲸科的鲸体形结实稳健、下颌微微呈弓形、行动缓慢。

露脊鲸科
露脊鲸身体结实敦厚，下颌呈明显的弓形，包括弓头鲸。

齿鲸

齿鲸只有一个鼻孔，它们是海洋中的猎手，用牙齿来咬住猎物。它们的体形通常比须鲸小。

喙鲸科

喙鲸科成员众多，至少有21种，包括南瓶鼻鲸和北瓶鼻鲸等。

海豚科

海豚科包含的种类最多，有虎鲸，又称逆戟鲸。

抹香鲸科

抹香鲸科包括体形巨大的抹香鲸，它们是齿鲸中体型最大的。相比之下，小抹香鲸科的小抹香鲸和侏儒抹香鲸体形比抹香鲸小了许多。

一角鲸科

它们有独特的弧线形的头，尾鳍较圆，体型小而短粗。

鼠海豚科

鼠海豚的体形和海豚非常类似，可是它们的喙没有那么尖，牙齿也是平平的、趋于铲形。

河豚

河豚属于淡水豚总科，它们生活在世界上的很多大河中，诸如亚马孙河、恒河等。

水下回声

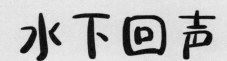

鲸能发出各种各样复杂的声音，这是鲸导航和交流的方式，非常易于辨识，独特而令人难忘。

齿鲸，例如亚马孙河豚就演化出一种惊人的能力，它们会发出高频率的"咔哒"声，以在浑浊的河水里辨别方向，当"咔哒"的声音传播到河豚周围的环境时会反弹回来，于是河豚就利用回声来感知物体的大小、形状、质地和位置，这种方法被称为"回声定位法"。

　　须鲸会发出低沉而富有音韵感的声音，在长途迁徙的过程中，即便彼此相隔好几公里也不会失散。这种悠长的、摇篮曲般的低吟在水中传播的速度是在空气里传播的，而这些声音传递的信息可以让鲸彼此保持联系。它们或许要告诉同伴哪里有鱼群经过、哪里有敌人潜伏，具体内容我们还不知晓，这些都是人类迄今尚未了解的鲸的秘密。

座头鲸之歌

　　海洋中回荡的歌声动人心魄、余音缭绕。座头鲸的声音时而高昂、时而低转，每段声音都是有规律、重复音符的排列。一句句叠加、重复，一遍又一遍，持续数个小时不间断。

许多人相信，座头鲸的美丽歌声是雄性求偶的呼唤，而也有一些人则认为这是它们向竞争者发出警告的宣言。座头鲸发出的声音有“咕噜咕噜”的低沉呜咽和呻吟，也有高分贝的呼嚎，在动物界里，它们能发出的声音是较为丰富的。

生活在同一片，通常是面积辽阔海域的所有雄性座头鲸，能够接收、学习和表演同一段旋律。每头座头鲸都会重复那段曲调。有时，在海洋的深处就会传来一组荡气回肠的海洋交响曲。

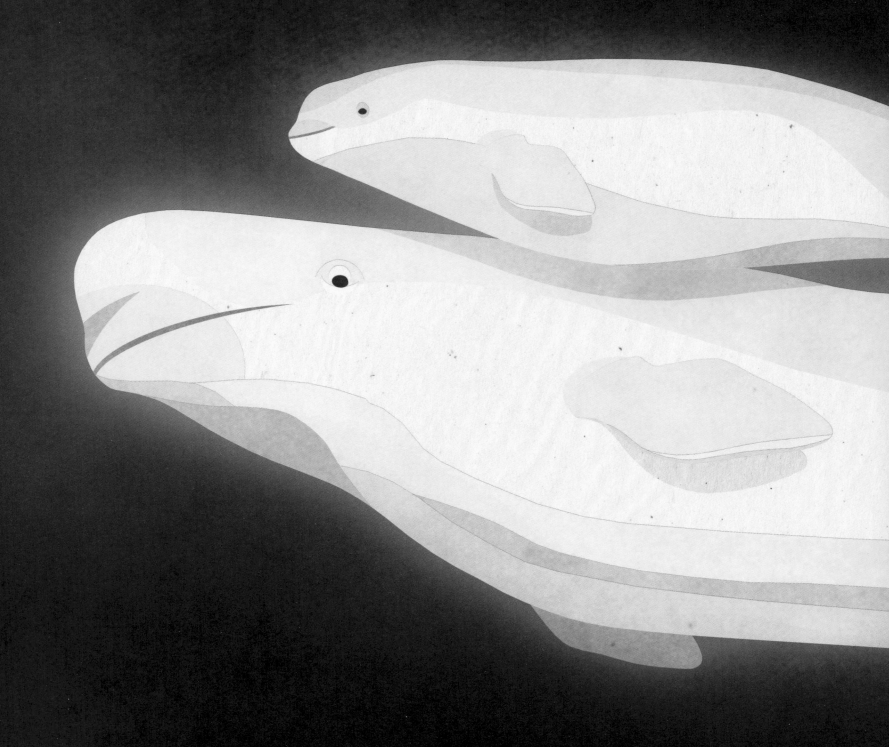

感知海洋

　　深海里漆黑浑浊，只有微弱的光亮为鲸引领方向，鲸的感官已经很好地适应了环境。它们的眼睛小而机敏，能看清昏暗的前方，还可以反射光线，所以不论白天或是黑夜，水上或是水下，它们都能看到这个世界。

　　然而，在深深的海洋里，鲸的听觉则比视觉更为灵敏。它们的耳朵隐藏在脑袋里，对于辽阔海洋里反射的回波当中的任何震动，它们都能够解读，马上察觉出敌人或猎物的存在。

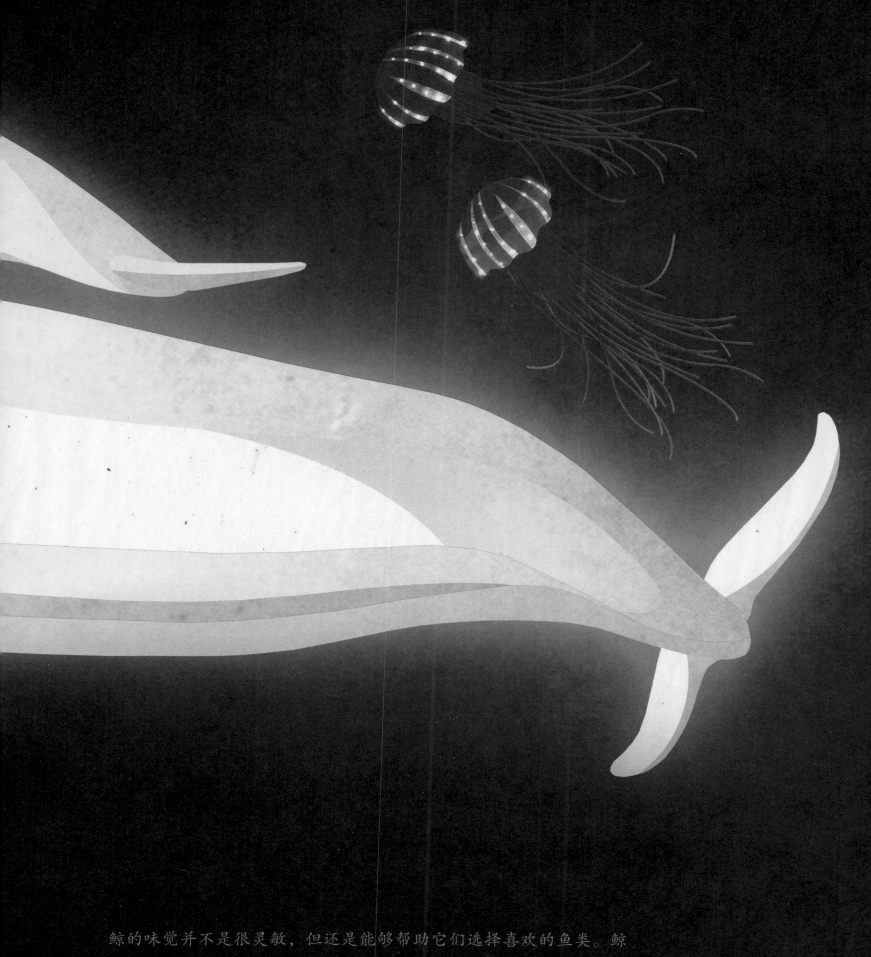

　　鲸的味觉并不是很灵敏，但还是能够帮助它们选择喜欢的鱼类。鲸的皮肤上有敏感的触觉，鲸与鲸之间会通过轻柔的摩擦和触碰，建立感情，表达爱意。

　　鲸机警而老练，可以完全适应周围的环境。

无声的信号

鲸可以表达很多种情绪，从生气到喜欢，从悲伤到好奇。它们交流时的肢体语言利落决断、一气呵成，有时与同伴轻轻地掠过海浪，有时用身体重重地拍打海面。

跃身击浪

鲸会挺身一跃，跳出海面。在这一刹那，鲸庞大的身躯凌空定格，时间仿佛都静止了。不论它们是在发出警告还是向异性展现魅力，这个信息都会在大海里传播开来。

浮窥

虎鲸将半身露出海面，黑白条纹令人瞩目。它敏锐地观察着周围，时刻留意猎物的行踪或危险的来临。

触碰

瓶鼻海豚妈妈和宝宝温柔地贴贴脸、碰碰身子，它们就这样在一起游泳，亲亲密密，母子情深。

甩尾

鲸豚会将尾鳍扬起，用尽全力击打海面。巨大的声浪回响或许代表着挑衅，亦或许是在提醒同伴附近有危险。

海豚之舞

　　时而将头探入水中，时而潜入深海，时而乘风破浪，时而轻快地跃出水面，海豚就像一群舞者，舞姿翩翩，步调整齐。它们的表情总是亲切友好的，嘴角天生的曲线，让它们看起来像是在灿烂地微笑。它们是优秀的杂技运动员，跳跃翻腾、优雅轻松。

　　海豚精力充沛、活泼好动，它们会吹出一圈圈的泡泡，这是它们在做游戏；它们还会互相追逐，嘴碰嘴，头顶头，或者经常在航行的船只左右搭顺风浪。

不过，这些看似顽皮的举动表现出这些动物拥有较高的智商。海豚在航行的船只左右飞跃、跳高以及游泳，这样可以节省能量，保持体力，还能够以高达每小时30公里的速度乘风破浪。

海豚还会向同伴发出独特的哨叫声，经常与同伴做出统一的动作，它们是具有高度社会性的生灵，由此可窥一斑。

社群的陪伴

　　一群鲸游过辽阔的海洋，鲸群成员之间或许相隔很远，但是它们从不孤单。鲸群不论在海面还是在海水里都可以互相交流，紧密联系。不论它们潜入多深的海底还是游到多远之外，整个鲸群总是在一起。

　　有些须鲸生来偏爱独处，而齿鲸则更具社会性，喜欢成群结队地生活、摄食和行动，安全无忧。

当幼鲸的妈妈长时间潜入深海觅食时，其他雌鲸会帮忙照顾幼鲸，让它们紧挨着海面。有时一小群鲸会结成同盟，建立陪伴与合作的关系，组成社群，尽管它们并没有血缘关系；血缘之外的鲸之间也存在着牢固的友情，有的社群里的鲸一辈子都生活在一起。

　　科学家们还发现鲸也有自己的文化。它们在交流时也会因为生活的海域不同而有不同的方言和口音，和我们人类一样。它们之间倾诉了什么水下的秘密？或许有一天，我们能够解开鲸语的奥秘。

23

和妈妈形影不离

尾巴先探出来，你好，世界！幼鲸降生的那一刻，妈妈便轻轻地将它推到海面，呼吸第一口空气。

日复一日，幼鲸长大了，胆子越来越大，越来越勇敢。幼鲸只吃妈妈的乳汁就够了，在出生的第一年里，它几乎从不离开妈妈的身旁。在妈妈游过的水流中游泳，妈妈休息时，它也休息。

幼鲸慢慢地观察、等待、聆听和学习，它的耐心和力量也日益增长。

　　幼鲸的童年在波光粼粼的水世界里，妈妈为它遮挡风雨，细心呵护，恒久不变，妈妈就是幼鲸的保护神和指明灯。

　　在一起，翻滚跳跃、游向远方。
　　在一起，一往无前，劈波斩浪。

　　如影随形，寸步不离。

漫长的旅途

　　整个夏天，灰鲸群在冰凉的极地海域摄食丰富的鱼类和甲壳类。但是这里的海水温度太低，不宜于繁殖，所以每当冬季来临，灰鲸便游向温暖的海洋。这是一段长达几千公里的旅行。在到达目的地后，有些灰鲸会寻找伴侣，而有些灰鲸则生下幼鲸，在阳光照耀的海洋里养育幼鲸长大。

春天来临，这些游泳健将又熟练地踏上了归途。这时幼鲸已经变得强壮，能够完成长距离旅行，只是它们还需要提高耐力。灰鲸妈妈已经几个月没有好好吃东西，非常想念极地海域的鱼虾大餐。

鲸是如何辨别迁徙之路的，至今仍是个谜。有些人相信是地球磁场的引力在导引它们，还有些人认为它们把海底地貌轮廓当作了地图。不论如何，鲸飞速地游向它们的摄食地。

终于，鲸群抵达了旅行的终点：曾经开始的地方，晶莹剔透的冰雪世界——北极。茫茫雪野、壮丽浮冰、海水波光粼粼，银色的鱼群畅游其间。

座头鲸的旅行

每年，座头鲸都要跨越地球，展开史诗般的海洋之旅。

北美洲

太平洋

大西洋

南美洲

图例

繁殖地

摄食地

迁徙路线

冬季到来，从寒冷的夏季摄食地启程，座头鲸要游到温暖的繁殖地过冬，在那儿它们将抚养幼鲸长大。对一些座头鲸来说，这场不可思议的往返旅程距离长达2万公里。

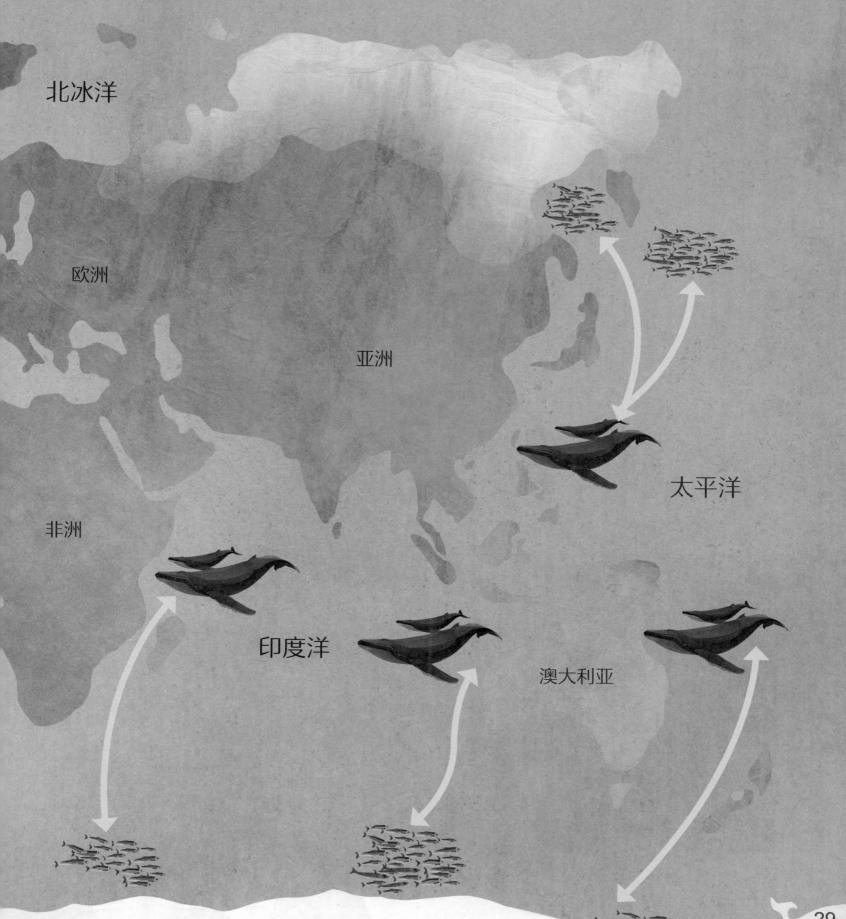

北冰洋

欧洲

亚洲

太平洋

非洲

印度洋

澳大利亚

硕大无朋

水静无波。一团阴影笼罩海面，庞然大物现身了，它在海面下熠熠发光，迎着白昼的最后一缕夕阳。

蓝鲸是地球上最大的动物，有30米长，180多吨重。它们硕大无朋、它们敦厚优雅，它们是气宇轩昂的海中之王。然而在二十世纪，蓝鲸被广泛猎杀，数量急剧减少，至今仍被列为濒危动物。

蓝鲸需要吃数量巨大的磷虾，因此每头蓝鲸需要大面积的生活区域来摄食。也许这就是它们总喜欢独来独往的原因吧。

摄食大师

像张开的渔网，要将海里的鱼一网打尽，鲸经常在寻找食物。不论独自出击还是成群结队，它们都是名副其实的摄食大师。

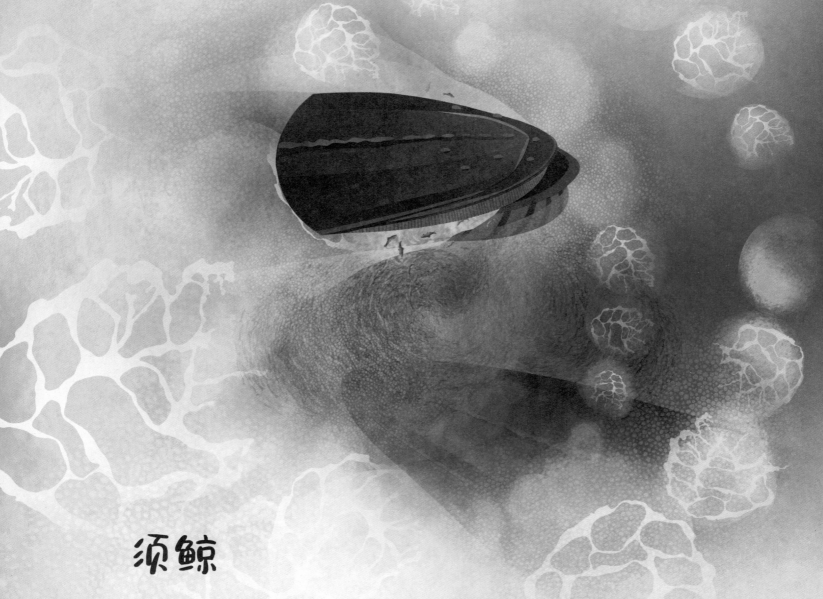

须鲸

须鲸的须板像纤细的手指，能够拦住食物，它们就是靠过滤的方式摄食。在游泳的时候，它们张开大嘴，大口含住海水，然后将海水滤去，留下小鱼和磷虾。

有时它们还会从鼻孔喷出一串一串的气泡，用来捕捉猎物。这种气泡就像渔网，密密麻麻的气泡网将猎物团团围住，这时须鲸会将鱼群围绕，并冲进来大快朵颐。

有些须鲸还有一个更简单的绝招，就是侧身贴着海底，将藏起来的猎物吸进嘴里。

齿鲸

聆听海浪的低吟，齿鲸寻找食物常用的方法是回声定位法。有时候它们将鱼群赶成一团球的形状，这叫饵球，以此享用小鱼大餐。或者，它们还会将鱼群赶到浅水区，这样就能轻而易举地捉鱼吃。

齿鲸通常成群结队地猎食。它们的食谱也丰富多样，包括鱿鱼、章鱼等，如果是虎鲸食谱的话，甚至还包括海洋里的其他哺乳动物。聆听、观察、等待和坚守，即使处于饥饿状态，它们也总是充满希望。

深海里的智者

    天生好奇、有创造力，最重要的是聪明伶俐——鲸真可谓是海洋里的天之骄子，它们的脑容量很大，拥有令人称奇的智慧。爱刨根问底、对周遭环境反应敏锐，鲸有人类一样的能力去学习新事物，这在动物界中真是很少见的。

    鲸发明了复杂的技巧来进行交流、解决问题和玩耍。它们会灵活地运用巧妙战术来猎食。海豚有一种围捕鱼群的方法，它们将猎物驱逐到陆地上，一口咬住、吞进肚子里，随后又在恰好的时间内迅速、安全地返回海洋。

    鲸并不独享自己的聪明智慧，雌鲸会将一生积累的知识和经验传授给下一代。

海洋里的杀手

黑白相间的身影，引人瞩目，虎鲸能让人立马辨认出来。它们有着令人恐惧的捕猎力量，还有一个更为人熟知的外号：杀手鲸。

几乎没有海洋动物能够逃出虎鲸的"魔掌"。它们的牙齿锋利尖锐，尾巴力大无比，爱吃鱼类、鸟类、海豹、海狮，甚至其他鲸，包括那些体形比它们自己还大很多的鲸。

虎鲸却又非常忠诚，对于它们来说，社群意味着一切。你会看到多达40头虎鲸合伙猎食，互相关照，它们通常会相守一生。虎鲸在巡游时发出的声音能够马上被同伴辨认出来。它们分工合作，发起共同进攻，甚至能将猎物追逐到陆地上。

眨眼间就能扑到猎物身上，虎鲸是一群致命的捕食者。

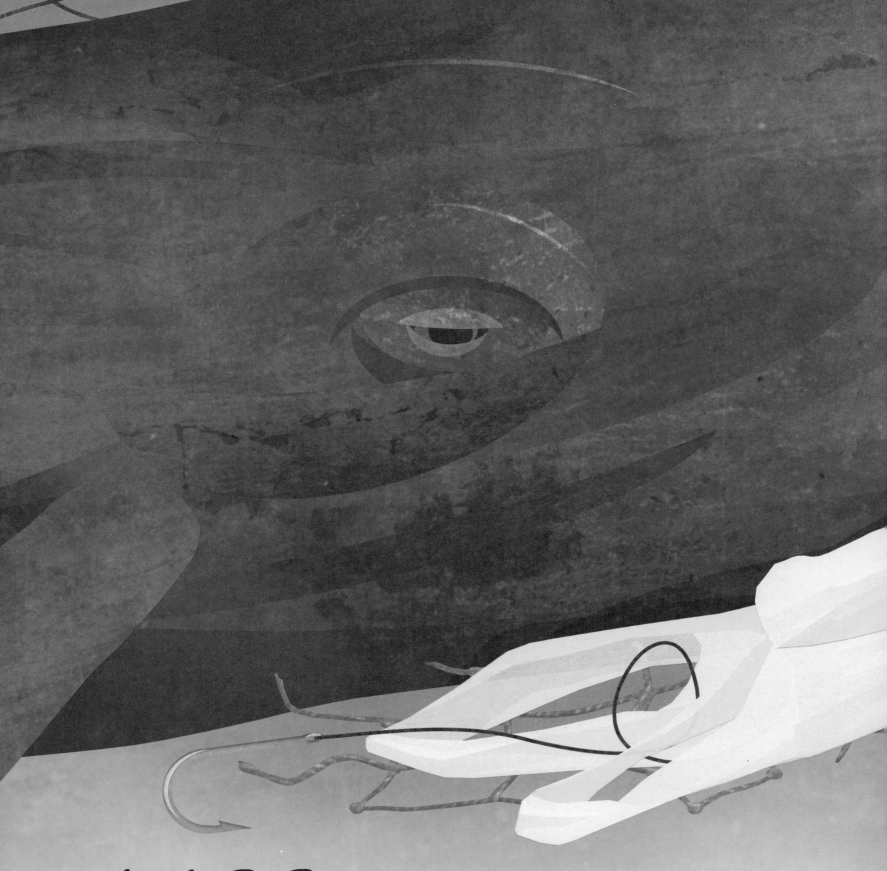

危险重重

　　人类曾经一度无情地猎捕鲸，获取它们的肉、油和鲸脂，形成了以经济利益为目的的捕鲸业。鲸现在已经受到国际法律保护，但有些国家仍然持续捕杀这些美丽的动物，继续追踪、围捕、宰杀鲸。

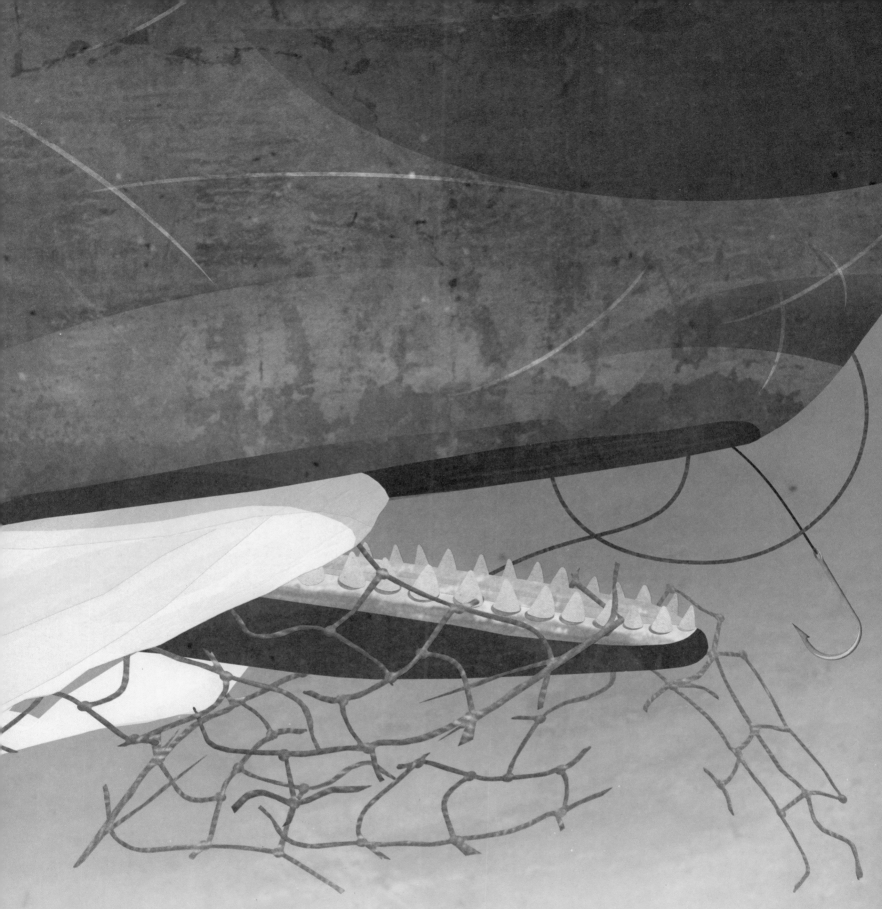

　　海洋中还潜伏着许多对鲸豚的生命产生威胁的危险，例如人类倾倒的化学废料、垃圾和塑料包装，海水的污染状况日益严重，鲸豚的宝贵家园受到了破坏。同时，海洋里的平静也被打乱，远洋工业、船舶航运以及军事活动在海里产生高分贝噪音。由于鲸豚是依赖声音来行动、交流和捕食的，所以噪声污染会对鲸豚造成致命的威胁。

观鲸业

由于鲸豚活泼可爱、亲切友好、脸上总是挂着大大的微笑，因此人类热衷于观看鲸豚作为娱乐。由此产生了为游乐园和动物表演驯养鲸豚的产业，每年都有数以百万计的游客观赏。

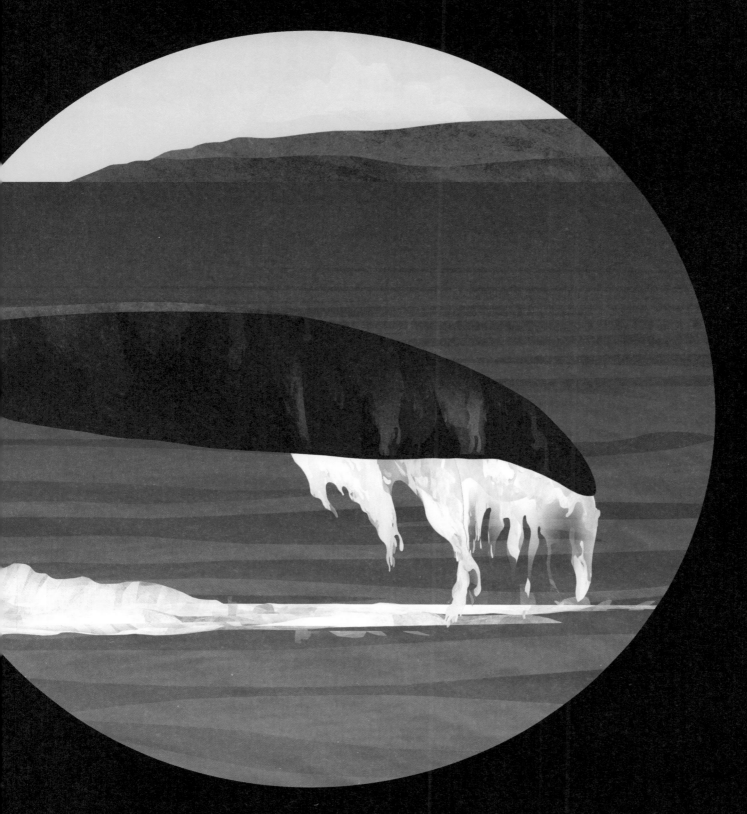

　　但是，鲸豚更应该生活在大自然里。那些被圈养的鲸豚被迫离开家族，被囚禁在狭小的水族馆里，不能像其他鲸豚那样进行长距离迁徙。许多被圈养的鲸豚因此渐渐变得虚弱，甚至生病。

　　令人欣喜的是，人类有更好的方式近距离观赏这种自然界中的庞然大物。我们可以从陆地观鲸、观豚，也可以乘船到近海，观察鲸豚在自然生态环境中自由狂野的身影。一些由海洋生物学家管理的观赏鲸豚的公司也是保护这些动物的一部分。

海洋中的寿星

弓头鲸在北冰洋从容不迫地巡游，看潮起潮落、风云变幻。它就像一位长寿的老者，将我们与百年前的岁月相连。

有些弓头鲸的寿命可长达200多岁，它们在生命过程中经历了上百年的成长与变化。它们用一生来目睹白云苍狗，沧海桑田，世界的变迁，人类无与伦比的进步，日益严重的污染以及一些野生动植物的消失。

自然的平衡

鲸豚是海洋生态系统里的重要角色，它们对维持海洋生命的大环境起着重要作用。它们消耗很多食物，让海洋食物链平衡有序，保证某些海洋生命不会过度繁殖，造成生态失衡。

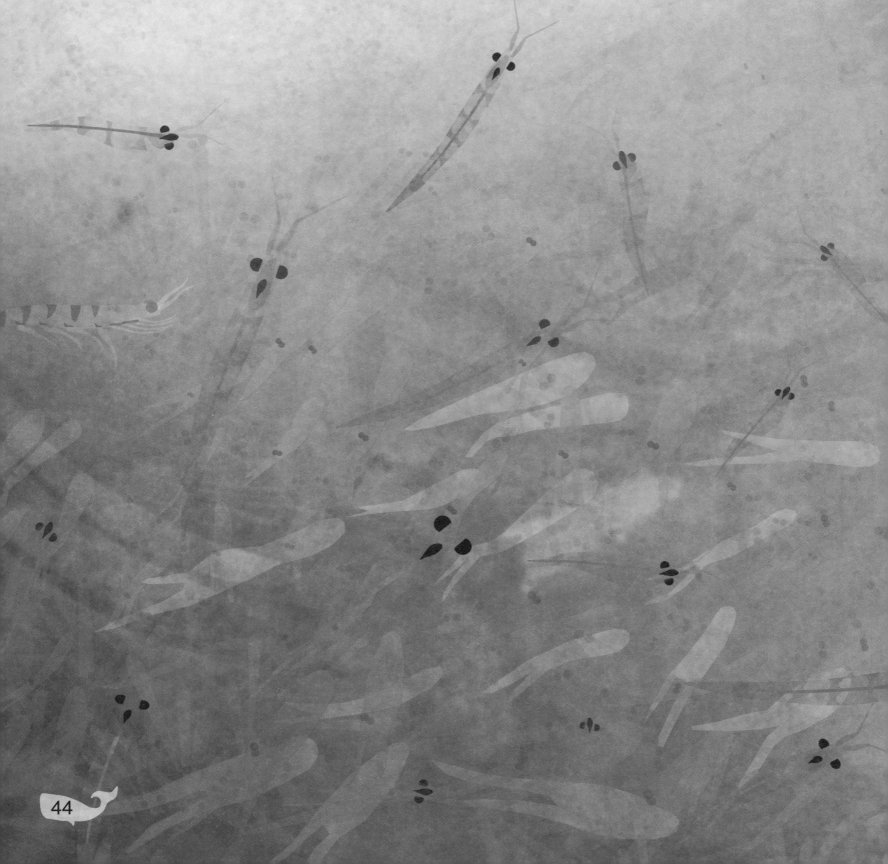

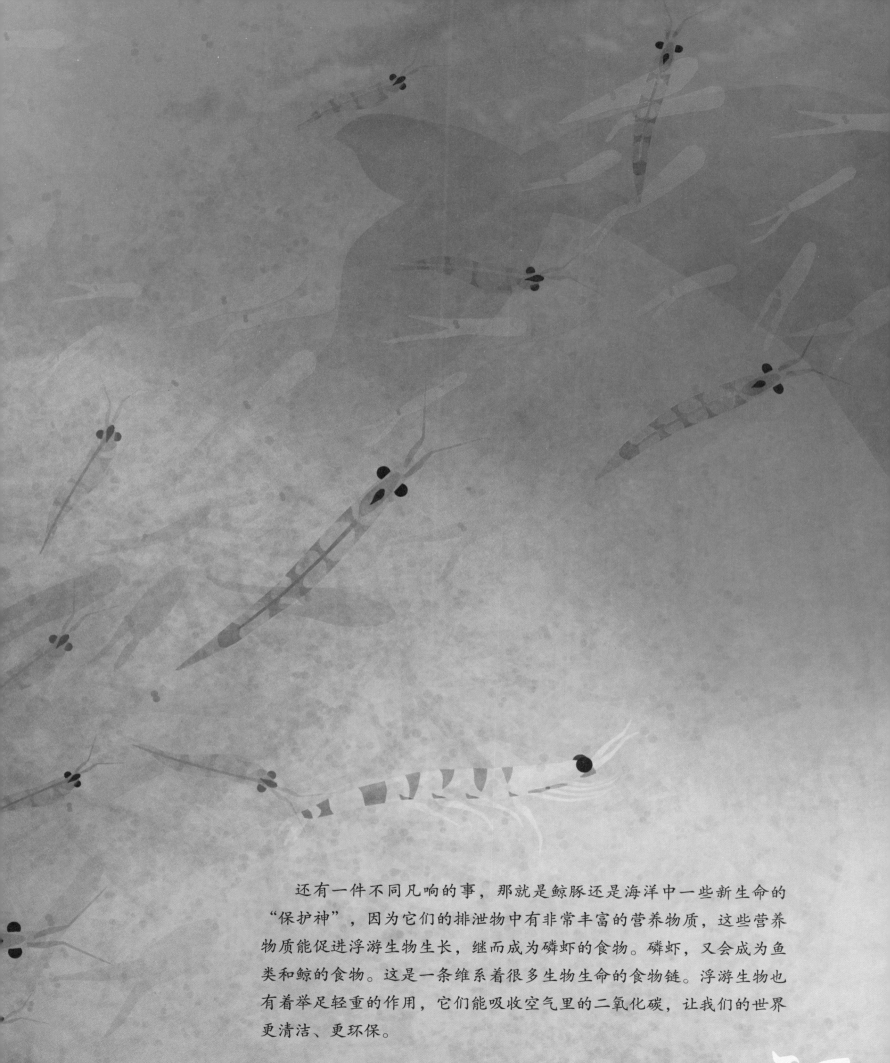

　　还有一件不同凡响的事，那就是鲸豚还是海洋中一些新生命的"保护神"，因为它们的排泄物中有非常丰富的营养物质，这些营养物质能促进浮游生物生长，继而成为磷虾的食物。磷虾，又会成为鱼类和鲸的食物。这是一条维系着很多生物生命的食物链。浮游生物也有着举足轻重的作用，它们能吸收空气里的二氧化碳，让我们的世界更清洁、更环保。

群鲸荟萃

从小小的鼠海豚，到硕大无朋的蓝鲸，鲸的大小各不相同。

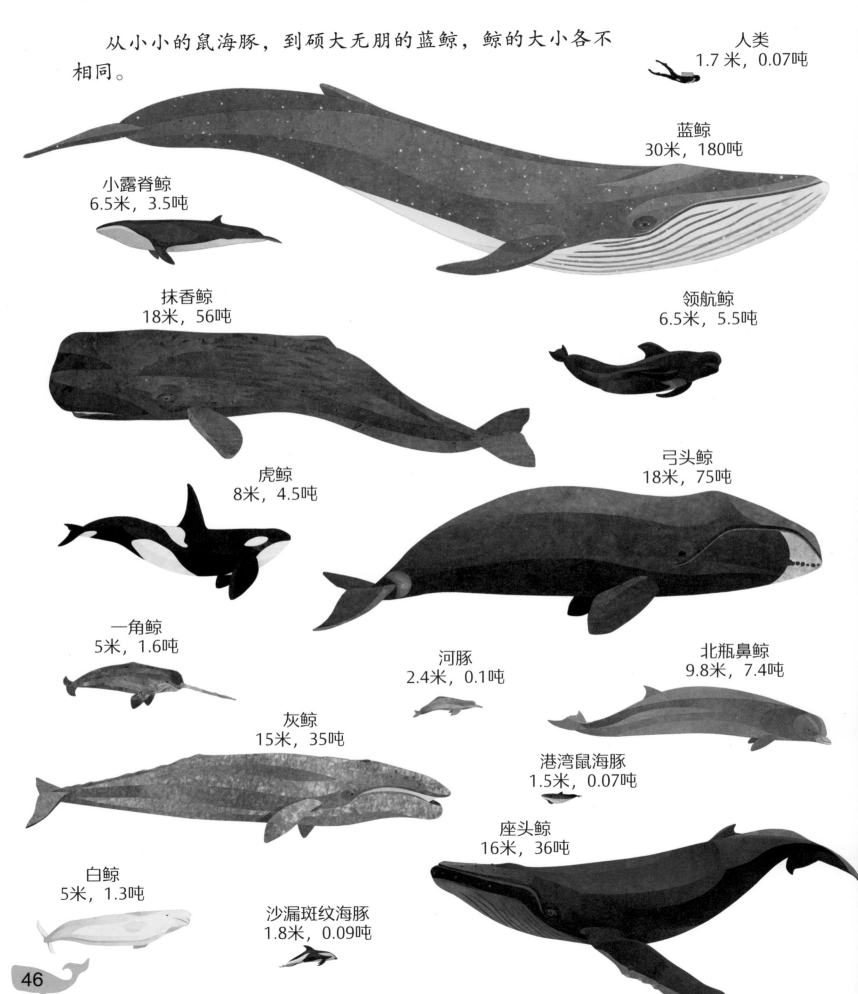

人类
1.7米，0.07吨

蓝鲸
30米，180吨

小露脊鲸
6.5米，3.5吨

抹香鲸
18米，56吨

领航鲸
6.5米，5.5吨

虎鲸
8米，4.5吨

弓头鲸
18米，75吨

一角鲸
5米，1.6吨

河豚
2.4米，0.1吨

北瓶鼻鲸
9.8米，7.4吨

灰鲸
15米，35吨

港湾鼠海豚
1.5米，0.07吨

座头鲸
16米，36吨

白鲸
5米，1.3吨

沙漏斑纹海豚
1.8米，0.09吨

拯救鲸豚

　　生活在海洋的邻居能为我们带来更清洁的空气，你们想到了吗？我们是不是应该好好地对待这些优雅的动物，给予它们应得的尊严与尊重。保护鲸豚的安全最主要的方式就是保护地球环境，这样才能尽可能地保护鲸豚生活的环境。

　　我们可以去支持那些致力于保护鲸豚的慈善机构，这些机构在用心保护大自然中的鲸豚，并且解救被捕捉的鲸豚。为了给鲸豚创造一个安全和自由的世界，他们无比努力地工作。